上海市工程建设规范

公共建筑通信配套设施设计标准

Standard of communication infrastructures designing for public buildings

DG/TJ 08—2047—2020

J 11322—2020

主编单位:上海邮电设计咨询研究院有限公司
　　　　　上海建筑设计研究院有限公司
批准部门:上海市住房和城乡建设管理委员会
施行日期:2021 年 1 月 1 日

U0349713

同济大学出版社

2020　上海

图书在版编目(CIP)数据

公共建筑通信配套设施设计标准/上海邮电设计咨询研究院有限公司,上海建筑设计研究院有限公司主编. —上海:同济大学出版社,2020.11

ISBN 978-7-5608-9528-4

Ⅰ.①公… Ⅱ.①上…②上… Ⅲ.①公共建筑—通信系统—配套设施—设计标准—上海 Ⅳ.①TU242-65

中国版本图书馆 CIP 数据核字(2020)第 188129 号

公共建筑通信配套设施设计标准

上海邮电设计咨询研究院有限公司　
上海建筑设计研究院有限公司　主编

策划编辑　张平官
责任编辑　朱　勇
责任校对　徐春莲
封面设计　陈益平

出版发行　同济大学出版社　　www.tongjipress.com.cn
　　　　　(地址:上海市四平路 1239 号　邮编:200092　电话:021-65985622)
经　　销　全国各地新华书店
印　　刷　浦江求真印务有限公司
开　　本　889mm×1194mm　1/32
印　　张　2.5
字　　数　67000
版　　次　2020 年 11 月第 1 版　　2020 年 11 月第 1 次印刷
书　　号　ISBN 978-7-5608-9528-4
定　　价　25.00 元

上海市住房和城乡建设管理委员会文件

沪建标定〔2020〕423号

上海市住房和城乡建设管理委员会
关于批准《公共建筑通信配套设施设计标准》
为上海市工程建设规范的通知

各有关单位：

由上海邮电设计咨询研究院有限公司和上海建筑设计研究院有限公司主编的《公共建筑通信配套设施设计标准》，经我委审核，现批准为上海市工程建设规范，统一编号为 DG/TJ 08—2047—2020，自 2021 年 1 月 1 日起实施。原《公共建筑通信配套设施设计规范》DG/TJ 08—2047—2013 同时废止。

本规范由上海市住房和城乡建设管理委员会负责管理，上海邮电设计咨询研究院有限公司负责解释。

特此通知。

上海市住房和城乡建设管理委员会
二〇二〇年八月十三日

前　言

　　根据上海市住房和城乡建设管理委员会《关于印发〈2019 年上海市工程建设规范、建筑标准设计编制计划〉的通知》（沪建标定〔2018〕753 号）的要求，修订本标准。

　　本标准在原 2013 年发布版本的基础上，根据通信业发展及相关政策法规的变化更新了对本市公共建筑有线和无线通信基础设施的设计要求，以有效支持千兆宽带接入和 4G、5G 移动通信覆盖，并充实了无线局域网和卫星系统设计要求，新增了数字无线专用对讲系统设计内容，为规范建设、合理使用公共建筑资源、平等接入和资源共建共享提供指导。

　　本标准共分 11 章，主要内容有：总则；术语；基本规定；配套基础设施；通信布线系统；有线通信系统；移动通信系统；有线电视设施；无线局域网；数字无线专用对讲系统；卫星通信系统。

　　本次修订的主要内容有：

　　1. 扩充完善了"配套基础设施""通信布线系统"章节，纳入当前移动通信、无线局域网、微波、卫星、数字无线专用对讲系统的相关要求。

　　2. 取消原"机电设施设计"章节，内容在各专业系统中分别表述。

　　3. 原"无线通信设施设计"章节扩展为"移动通信系统""无线局域网"两章。

　　4. 更新"有线通信系统""有线电视设施"两章内容。

　　5. 取消"区域无线广播系统"独立章节设置。

　　6. 新增"数字无线专用对讲系统"章节。

　　7. 扩充完善"卫星通信系统"章节。

各单位及相关人员在执行本标准的过程中,如有意见和建议,请反馈至上海市通信管理局(地址:上海市中山南路 508 号;邮编:200010;E-mail:txfz@mailshca.miit.gov.cn),上海邮电设计咨询研究院有限公司(地址:上海市国康路 38 号;邮编:200092;E-mail:sptdi.sh@chinaccs.cn),或上海市建筑建材业市场管理总站(地址:上海市小木桥路 683 号;邮编:200032;E-mail:bzglk@zjw.sh.gov.cn),以供今后修订时参考。

主 编 单 位:上海邮电设计咨询研究院有限公司
上海建筑设计研究院有限公司

参 编 单 位:中国电信股份有限公司上海分公司
中国移动通信集团上海有限公司
中国联合网络通信有限公司上海市分公司
中国铁塔股份有限公司上海市分公司
东方有线网络有限公司

主要起草人:许　锐　严森垒　王颖珏　曹华梁　吴炯翔
叶长青　陈众励　冯海平　曲　乐　田广胜
周孝俊　於佳捷　李　辰

主要审查人:耿玉波　徐德平　沈　阳　邵信科　王达威
董　勇　金　亮

上海市建筑建材业市场管理总站

目 次

Contents

1 总 则

1.0.1 为了适应本市信息化发展的需求，推动"宽带中国"和"智慧城市"建设，实现通信配套设施的共建共享，维护用户和运营企业的权益，使公共建筑通信配套设施加速向高速、融合、安全、泛在的目标推进，并体现平等接入、用户选择的原则，特制定本标准。

1.0.2 本标准适用于新建、改建、扩建公共建筑的公共通信网络配套设施设计。

1.0.3 公共建筑通信配套设施设计，应采用先进、安全、实用的技术，并符合可扩性、开放性和标准化的要求。

1.0.4 公共建筑通信配套设施应选用经国家和行业质量监督检验机构鉴定为合格的设备与材料。

1.0.5 公共建筑通信配套设施设计除应符合本标准的规定外，尚应符合国家、行业和本市现行有关标准的规定。

2 术　语

2.0.1　公共建筑　public building

含办公、旅馆、文化、观演、会展、教育、金融、交通、医疗、体育、商店等为社会提供公共服务的建筑物。

2.0.2　通信配套设施　communication supporting installation

在建筑区域为各类用户提供公共和专用的语音、数据等信息通信服务的通信基础设施；对公共建筑包括有线通信网络接入系统、有线电视分配系统、移动通信系统、集群通信系统、无线局域网、微波和卫星通信接入系统、区域无线广播系统以及配套机电设施等。

2.0.3　配套基础设施　supporting basic installation

为通信配套设施提供安装空间和工作环境的设施，包括进线间、中心机房、电信间和布线管道等。

2.0.4　超高层建筑　super high-rise building

建筑高度为 100 m 或 35 层及以上的建筑。

2.0.5　综合布线系统　generic cabling system(GCS)

能支持多种应用系统的结构化通信布线系统。

2.0.6　通信中心机房　central room for telecommunications

本标准中指用于安装公共建筑内公共通信设施的共享房间，简称为"中心机房"。

2.0.7　电信间　telecommunications closet

放置电信设备、缆线终接的配线设备，并进行缆线交接的一个空间。

2.0.8　进线间　entrance room

建筑物外部通信管线的入口部位，并可作为入口设施和配线设备的安装场地。

2.0.9 光纤到办公室 fiber to the office(FTTO)

指利用光纤媒质连接通信局端和办公场所的接入方式。

2.0.10 无源光网络 passive optical network(PON)

由光纤、光分路器、光连接器等无源光器件组成的点对多点的网络。

2.0.11 光分路器 optical fiber splitter

一种可以将一路或两路光信号分成多路光信号以及完成相反过程的无源器件,本标准中的光分路器指的是基于光功率分路的器件。

2.0.12 光缆分纤箱 optical fiber cable distribution box

用于连接配线光缆与引入光缆的接口设备。

2.0.13 配线光缆 distribution optical fiber cable

中心机房至光缆分纤箱之间的光缆。

2.0.14 引入光缆 drop fiber cable

光缆分纤箱至光纤信息点之间的光缆。

2.0.15 现场组装式光纤活动连接器 field-assembling optical connector

一种可在施工现场用机械或热熔方式在光纤或光缆的护套上直接组装而成的光纤活动连接器。

2.0.16 预制成端型引入光缆 pre-terminated drop fiber cable

一种在工厂单端或两端预先制作光纤连接插头的引入光缆。

2.0.17 光纤信息插座 optical telecommunications outlet

一种用于终接引入光缆的固定连接装置,通常由底盒与面板组成。

2.0.18 移动通信系统 mobile communication system

提供移动通信信号覆盖的系统,其覆盖方式包括宏基站覆盖、室内覆盖系统、室外微基站等。

2.0.19 无线局域网 wireless local area network(WLAN)

遵循 IEEE802.11 系列协议、采用 2.4 GHz 和 5 GHz 频段提供无线接入服务的局域网。

2.0.20 互联网协议电视 internet protocol television(IPTV)

基于 IP 协议,为用户提供交互式电视服务的电视传播技术。

2.0.21 宏基站机房 macro cell base station room

用于安装移动通信宏基站所需的发射和接收设备、电源系统和传输系统等的部分或全部设备的通信用房。

2.0.22 甚小口径卫星终端站 very small aperture terminal (VSAT) of satellite communication

VSAT 系统工作于 C 频段(6/4 GHz)、Ku 频段(14/12 GHz)、Ka 频段(30/20 GHz)等,用于数据传输、图像传输和话音等业务。其中,主站和远端站也称为小型地球站。

2.0.23 应急广播 emergency broadcasting

利用广播或电视系统向公众发布应急信息的方式。

2.0.24 建筑物引入管 entrance pipe of building

地下通信管道的人(手)孔与建筑物之间的地下连接管道。

3 基本规定

3.0.1 公共建筑在规划报建至施工图设计各环节中,建筑设计单位应及时与通信基础设施建设单位沟通,共同完善通信基础设施部署方案,做到通信基础设施与主体建筑物同步规划、同步设计、同步施工、同步验收,在遵循集约化建设和共建共享的原则下,满足多家电信业务经营者的接入需求。

3.0.2 公共建筑通信配套设施应为用户提供语音、图像和数据等信息的有线和无线接入服务。

3.0.3 公共建筑通信配套设施建设的工作界面可按下列规定划分:

1 进线间、中心机房、电信间与弱电竖井由建设单位负责建设。

2 管线通道以建筑规划红线为界,红线内的通信管道、人(手)孔、建筑物引入管、建筑物内的通信管网由建设单位负责建设;红线外的通信管道、人(手)孔等由电信业务经营者负责建设。

3 光缆、电缆配线系统以中心机房内的交接设备或配纤(线)设备为界,交接设备或配纤(线)设备内侧的光缆及配纤设备、光缆分纤箱、引入光缆、电缆及配线设备、有线电视同轴电缆、信息插座及光电缆端接所需的器件由建设单位负责建设;交接设备或配纤(线)设备外侧(接入公共通信网侧)的光缆交接设备(含分光设备)、通信光缆等由电信业务经营者负责建设。

4 中心机房内的交流电源接入与配出设备、消防设施、机房内的专用空调以及公共接地线的引入等由建设单位负责建设,公共通信网接入设备、PON 系统的光分路器、直流配电设备和蓄电池等由需要安装有源设备的电信业务经营者负责建设。

5 移动通信室内覆盖系统、无线局域网、数字无线专用对讲系统的线缆敷设管道、线槽线架由公共建筑的建设单位负责,宏站、室外覆盖增强系统、微波、卫星、数字无线专用对讲、无线广播系统室内外沟通的线缆敷设用管道、线槽线架由通信基础设施服务提供商及业务经营者负责建设;移动通信设备和线缆的安装以及电信间或楼层配线箱至移动通信覆盖设备安装位置的光缆敷设由通信配套设计单位负责设计,移动通信系统的建设与调试由通信基础设施服务提供商及电信业务经营者负责。

3.0.4 有架设微波设备需求的公共建筑,应预留相关基础设施。微波系统设计应符合现行行业标准《数字微波接力通信系统工程设计规范》YD/T 5088 的规定。

3.0.5 消防专用电话总机、消防应急广播设置应符合现行国家标准《火灾自动报警系统设计规范》GB 50116 的规定;普通广播、背景音乐广播、其他应急广播与消防应急广播合用时,应符合消防应急广播的设置要求。广播系统设置应符合现行国家标准《智能建筑设计标准》GB 50314 的规定。

3.0.6 有无线广播需求的公共建筑物和建筑群应预留无线广播系统安装的相关基础设施,系统射频指标应符合国家相关规定。

3.0.7 公共建筑通信配套设施设计应符合现行国家标准《通信设备安装工程抗震设计标准》GB/T 51369、《建筑设计防火规范》GB 50016、《建筑内部装修设计防火规范》GB 50222、《综合布线系统工程设计规范》GB 50311、《通信局(站)防雷与接地工程设计规范》GB 50689、《通信局站共建共享技术规范》GB/T 51125 和现行行业标准《通信建设工程安全生产操作规范》YD 5201、《通信局(站)节能设计规范》YD 5184、《通信工程建设环境保护技术暂行规定》YD 5039、《电信基础设施共建共享工程技术暂行规定》YD 5191、《电信基础设施共建共享技术要求》YD/T 2164 的规定。

4 配套基础设施

4.1 中心机房

4.1.1 公共建筑内应设置共用的中心机房,机房平面形状宜为矩形,最小净宽度不宜小于 4.1 m,其使用面积应满足现有基础电信业务经营者的接入需求。

4.1.2 中心机房的选址应符合下列要求:

1 中心机房位置应选择在环境安全、便于维护、便于安装空调及接地装置的地方。

2 中心机房宜设置在建筑物的地面一层。如能满足相关温湿度及通风条件,并且该建筑物有地下二层时,中心机房也可设在地下一层,但应做好防水措施。

3 中心机房不宜与变配电所、电梯机房等电磁干扰源贴邻布置。当不能避免时,应采取必要的电磁屏蔽措施。

4 中心机房不应在水泵房、厕所和浴室等潮湿场所的正下方或贴邻布置。

5 与通信系统及配套无关的管道不得进入或穿越中心机房。

4.1.3 中心机房梁下净高不应低于 2.6 m。

4.1.4 中心机房的外门应向外开启,宜采用甲级防火双开门,门净宽不宜小于 1.5 m,门净高不宜小于 2.2 m。

4.1.5 中心机房不宜设置吊顶及铺设活动地板,地板面层应采用防静电材料。

4.1.6 中心机房建筑饰面应具有防尘功能。

4.1.7 中心机房地面的等效均布活荷载不应小于 6 kN/m²;如部分面积的荷载超重,应进行局部加固。

4.1.8 中心机房的消防设计应符合现行国家标准《建筑设计防火规范》GB 50016 的规定,并满足下列要求:

1 中心机房的耐火等级不应低于二级,并宜设置火灾自动报警系统。

2 进出中心机房所有的线缆孔洞必须采用不燃材料堵严密封,其耐火等级不应低于机房墙体的耐火等级。

3 室内装修材料应满足通信工艺的要求和现行国家标准《建筑内部装修设计防火规范》GB 50222 的相关规定。

4 中心机房内不得有消防喷淋等设施。

5 当建筑物设有火灾自动报警系统时,中心机房应设置火灾探测器。

6 重要公共建筑通信系统中心机房宜设置气体灭火系统。

4.1.9 中心机房的机电设施设计应符合现行国家标准《供配电系统设计规范》GB 50052 的规定,并应满足下列要求:

1 中心机房应引入三相交流电,通信系统宜采用双电源供电,电源负荷等级不宜低于二级。必要时,可配置不间断电源。

2 中心机房通信系统低压配电不应采用 TN-C 制式。

3 通信系统电源的电能质量应符合现行国家标准《电能质量 公用电网谐波》GB/T 14549 的规定。

4 中心机房应设置电能计量表和配电箱,箱内应预留不少于 6 个单相配电断路器。

5 中心机房的通信系统供电容量应按多家电信业务经营者系统共同使用的需求进行配置。

6 中心机房照明应选用节能光源和高效率的节能灯具。照明灯具宜采用 LED 灯或三基色荧光灯,灯具位置宜布置在机架列间,吸顶安装。

7 中心机房的工作面水平平均照度不应低于 500 lx,垂直平均照度不应低于 30 lx,眩光指数 UGR 不应大于 22。

    8   中心机房内应设置最低地面水平照度不低于 5 lx 的应急照明,供电时间不应少于 30 min。

    9   中心机房内的环境电磁场强应符合现行上海市工程建设规范《公共建筑电磁兼容设计规范》DG/TJ 08—1104、现行行业标准《通信局(站)机房环境条件要求与检测方法》YD/T 1821 的规定。

    10   中心机房内的防静电措施应符合现行上海市工程建设规范《防静电工程技术规程》DG/TJ 08—83 的要求。

    11   中心机房应采用共用接地方式,并在机房内预留接地端子箱。

    12   中心机房内应做等电位联结,并设置等电位联结端子排。

    13   中心机房应采取雷击电磁脉冲防护措施,防雷要求应符合现行国家标准《通信局(站)防雷与接地工程设计规范》GB 50689 的规定。

    14   中心机房内的配电箱处应设电涌保护器(SPD)。

    15   不间断电源装置输出端的中性导体(N 极)应重复接地。

    16   中心机房应设置 10 A 单相两极和单相三极组合电源插座。信息插座与电源插座应配套设置,每侧墙面设置的电源插座和信息插座数量不应少于 1 组,应嵌墙安装,下口距地坪 0.3 m。

    17   安装有源设备的中心机房应设专用空调系统。

    18   中心机房温度应为 5 ℃~30 ℃,相对湿度应为 20%~80%。

    19   中心机房应防止粉尘等有害气体侵入,必要时应采取防尘措施。

    20   设备备用电源设置应符合现行国家标准《通信电源设备安装工程设计规范》GB 51194 中四类局站的规定。

4.1.10 中心机房卫星定位系统天线及配套设施设置应符合下列要求:

1 中心机房周边应预留至少 4 处卫星定位系统天线安装位置。

2 预留位置可以设置在楼顶或空旷地面,卫星定位系统天线周围应无遮挡。

3 如果周围存在高大建筑物或山峰等遮挡物体,应保证朝南方向天线顶部与遮挡物顶部任意连线与天线垂直向上的中轴线之间夹角不小于 60°。

4 应在每处预留可架设 1 根 0.5 m 长、ϕ50 mm 抱杆的位置。预留位置与中心机房间应预留走线管孔,走线距离不应大于 100 m。

4.2 宏站、微波与 VSAT 远端站机房

4.2.1 公共建筑的宏基站站址设置应依据城乡规划中的宏基站站址规划,微波站设置应根据公共通信网络的无线回传或传输中继需求,VSAT 远端站设置应根据业主的需求。

4.2.2 机房设计应符合现行行业标准《移动通信基站工程技术规范》YD/T 5230、《电信基础设施共建共享技术要求 第 2 部分:基站设施》YD/T 2164.2、《通信建筑工程设计规范》YD 5003、《租房改建通信机房安全技术要求》YD/T 2198 和现行上海市工程建设规范《移动通信基站塔(杆)、机房及配套设施建设标准》DG/TJ 08—2301的有关规定。

4.2.3 机房应靠近天线安装场地,宜建于公共建筑屋面,宜与电梯机房、楼梯间、设备间等相邻;当屋面无上述附属用房时,宜建于电信间(井)上方;当上述条件难以满足时,机房可设在顶层并与电信间(井)相邻。

4.2.4 公用移动通信用机房面积应满足现有移动通信业务经营者基站设备安装需求,规划有集群、微波、VSAT 远端站的根据站点高度和位置应与公用移动通信机房统筹共建或单独设立。机

房设计要求应符合表 4.2.4 的规定。

表 4.2.4　机房面积设计要求

名　称	宏站	集群/微波	VSAT 远端站
机房净高	≥2.8 m	≥2.4 m	≥2.4 m
机房形状	矩形,窄边≥2.5 m	矩形,窄边≥1.2 m	矩形,窄边≥1.2 m
机房面积	≥20 m²	≥2 m²	≥4 m²

4.2.5　机房用电容量配置应按远期负荷考虑,多系统共用机房在移动通信系统典型配置并考虑 1 套 VSAT 时的配电容量应符合表 4.2.5 的规定,其他配置时应另行核算;集群、微波、VSAT 独立设置的,应分别按每套系统 2 kW、0.5 kW、0.5 kW 配置。

表 4.2.5　多系统共用机房的配电容量

系统配置数量					机房配电容量(kW)
2G～4G 系统	5G 系统	集群系统	传输接入系统	VSAT 远端站	
6	3	1	3	1	40
	4				45
	5				50

注:5G 系统数量按同一连续频带上、每 3 个 AAU 与相关基带设备计为 1 套。

4.2.6　安装天线的屋顶应预留室外设备与室内设备间布放光缆、电缆及安装走线架(槽)的路由。

4.3　进线间

4.3.1　公共建筑通信系统的各进楼设施宜共用进线间,并为相关电信运营企业提供相对独立的工作区,应避免各通信系统间的电磁干扰。

4.3.2　进线间的设置应符合现行国家标准《综合布线系统工程设计规范》GB 50311 的相关规定。

4.3.3 进线间不应在水泵房、厕所和浴室等潮湿场所的正下方或贴邻布置。

4.3.4 进线间外门应向外开启,宜采用甲级防火双开门,门净宽不宜小于 1.2 m,门净高不宜小于 2.0 m。

4.3.5 进线间的楼板或地面等效均布活荷载不应小于 4.5 kN/m²。

4.3.6 进线间的消防设计应符合现行国家标准《建筑设计防火规范》GB 50016 的规定,并应符合下列要求:

    1 进出进线间的所有线缆孔洞必须采用不燃材料堵严密封。

    2 当建筑物设有火灾自动报警系统时,进线间应设置火灾探测器。

4.3.7 进线间的机电设施设计应符合下列要求:

    1 进线间应设置一般照明,应选用节能光源和高效率的节能灯具。

    2 进线间的工作面水平平均照度不应低于 100 lx。

    3 进线间每侧墙面设置的电源插座数量应不少于 1 组,应嵌墙安装,下口距地坪 0.3 m。

    4 进线间应设置接地端子箱或接地端子。

4.4 电信间

4.4.1 公共建筑的每个楼层应设置电信间,楼层电信间数量应按本楼层每 2 500 m² 建筑面积设置 1 个取定,电信间使用面积应满足各通信系统的部署需求。

4.4.2 电信间的设置应符合现行国家标准《综合布线系统工程设计规范》GB 50311 的相关规定。

4.4.3 电信间的门应向外开启,可采用乙级防火门,门净宽不应小于 0.9 m,门净高不应小于 2.0 m。

4.4.4 无关管道不得进入或穿越电信间。

4.4.5 电信间建筑饰面应具有防尘功能。

4.4.6 电信间的楼板或地面等效均布活荷载不应小于 4.5 kN/m²。

4.4.7 电信间的消防设计应符合现行国家标准《建筑设计防火规范》GB 50016 的规定，并应满足下列要求：

    1 进出电信间的所有线缆孔洞必须采用不燃材料堵严密封。

    2 当建筑物设有火灾自动报警系统时，电信间应设置火灾探测器。

    3 超高层建筑电信间通信设施应具备防水功能。

4.4.8 电信间的机电设施设计应符合下列要求：

    1 电信间应引入三相交流电源，并应采取防雷击电磁脉冲措施，防雷要求应符合现行国家标准《通信局（站）防雷与接地工程设计规范》GB 50689 的要求。

    2 数字无线专用对讲系统应采用专用供电方式，其备用电源应支持对讲系统工作时间不低于 3 h。

    3 电信间应设置配电箱，进线总容量应满足各系统供电要求，并应预留施工及测试用的组合电源插座。

    4 电信间应预留接地端子箱或接地端子，接地电阻不应大于 10 Ω。

    5 电信间应设置不少于 2 个单相两孔和三孔组合电源插座。电源插座应嵌墙安装，下口应距地坪 0.3 m。

    6 电信间应设置一般照明，应选用节能光源和高效率的节能灯具。

    7 电信间 0.75 m 水平面平均照度不应低于 300 lx，灯具宜吸顶安装。

4.5 地下通信管道

4.5.1 建筑红线内通信管道的路由宜选择人行道或车行道下，但手孔不宜设置在车行道下。

4.5.2 建筑面积 3 万 m² 以上的办公建筑和金融建筑,其红线外至红线内的接入管道和建筑物引入管宜按双路由设计;其他公共建筑的接入管道和建筑物引入管可按双路由设计。

4.5.3 建筑物引入管应采用地下预埋方式,应避开建筑物沉降缝,并采取防水措施。建筑物引入管宜避开燃气、给排水、电力等管道。

4.5.4 建筑物引入管宜伸出外墙 3 m,并设置人孔,当不具备设置人孔条件时可设置手孔。预埋管应以 1‰～2‰ 的斜率朝下向室外倾斜。

4.5.5 建筑物引入管应采用外径不小于 89 mm 的无缝钢管,钢管材质和壁厚应符合现行国家标准《综合布线系统工程设计规范》GB 50311 的相关规定。管孔容量应按远期通信缆线的数量及备用管孔数量确定,且管孔数不宜少于 4 孔。

4.5.6 建筑红线内人(手)孔的设置、室外地下通信管道与其他地下管道间的最小净距应符合现行国家标准《通信管道与通道工程设计标准》GB 50373 的规定。

4.6 建筑内通信管网

4.6.1 公共建筑内的通信管网应统筹考虑通信业务发展和其他智能化系统对管线的需求进行设计,并预留扩展空间。

4.6.2 公共建筑内通信管网的设计应考虑防渗漏及消防安全,同时为便于敷缆施工、检修和维护,应在封闭的布线通道上设置检修孔。

4.6.3 通信管网的设计应统筹考虑公共建筑通信系统和其他智能化系统的需求。

4.6.4 中心机房内的通信线缆与电源线路的管道应分开设置。

4.6.5 进线间、中心机房、电信间与竖井之间应通过线槽或桥架相连。当地下通信管道引入点与中心机房不相毗邻时,其间应敷设桥架沟通。

4.6.6 公共建筑内的垂直布线通道应采用在竖井内安装桥架的方式,桥架宜采用金属材质制作。桥架穿越楼板应开设楼板预留孔。桥架和楼板孔洞尺寸应符合表 4.6.6 的规定。50 层以上高耸建筑应根据实际情况选型,并不应低于表 4.6.6 的要求。

表 4.6.6　竖井内桥架和楼板孔洞尺寸(mm)

总层数	楼层	桥架尺寸(宽×高)	楼板孔洞尺寸(长×宽)
12	1～12	300×150	400×250
24	1～12	400×200	500×300
	13～24	300×150	400×250
30	1～12	500×200	600×300
	13～24	400×200	500×300
	25～30	300×150	400×250
30～50	1～12	600×200	700×300
	13～24	500×200	600×300
	25～36	400×200	500×300
	37～50	300×150	400×250

4.6.7 公共建筑的楼层应在公共通道为水平布线预留线槽或桥架,线槽或桥架的规格不应小于 200 mm×100 mm(宽×高);楼层单个电信间覆盖面积大于 2 500 m² 的,应根据实际情况选型并不应低于上述要求。

　　1　水平敷设电缆在本市一级电气防火等级建筑应穿金属管或采用金属线槽,在二级电气防火等级建筑宜穿金属管或采用金属线槽;敷设其他线缆可选用金属线槽或 PVC 阻燃塑料线槽。

　　2　有槽盖的封闭式金属线槽应具有耐火性。当在同一水平布线线槽内敷设多系统线缆时,应有隔离措施;在没有隔离措施的情况下,应在线槽内布放波纹管和安装过路分支盒,用于穿放引入光缆。

    3   当在同一布线桥架内敷设多系统线缆时,应在桥架内布放波纹管和安装过路分支盒,用于穿放引入光缆。

4.6.8 公共建筑楼层强、弱电线槽和桥架敷设应满足室内覆盖系统部署要求,并与电信间及弱电竖井保持连通。

4.6.9 公共建筑楼层强、弱电线槽和桥架不应设置在强电、强磁、强腐蚀、高温、渗水、滴漏等环境。

4.6.10 线槽和桥架设计应符合现行国家标准《通信设备安装工程抗震设计标准》GB/T 51369 的规定。

4.6.11 公共建筑吊顶应为室内覆盖系统部署提供检修条件,上人吊顶应满足人行及检修荷载的要求,并应留有检修空间,根据需要应设置检修道(马道)和便于进出入吊顶的人孔;不上人吊顶宜采用便于拆卸的装配式吊顶板或在需要的位置设检修孔。

4.6.12 地下车库应沿车道方向在上方预留强、弱电线槽或桥架,并与该层强电间和电信间分别连通。

4.6.13 当通信系统中心机房与其他智能化系统合用机房时,通信线缆应设专用桥架或线槽。

4.6.14 公共建筑内通信线槽与桥架的安装应符合现行国家标准《综合布线系统工程设计规范》GB 50311 的相关规定。

4.6.15 通信线缆不应与煤气管、热力管合用竖井,且不宜与电力线缆合用竖井。

4.6.16 公共建筑内各信息点的引入宜采用金属或阻燃硬质聚氯乙烯管沿墙暗敷的方式,暗管的最大公称口径不宜超过 25 mm。

4.6.17 建筑物内的竖向暗管、底层及地下层的水平暗管应采用厚壁钢管。当需要电磁屏蔽时应采用钢管,并应采取接地措施。

4.6.18 一管多缆方式敷设时,保护管的管截面利用率不应大于30%;一管一缆方式敷设时,其管径利用率不应大于60%。

4.6.19 暗敷保护管的直线段每隔 30 m 设一过路盒,弯曲段每隔15 m 设一过路盒,弯曲过多时应加密设置过路盒。

4.6.20 当暗管外径大于 50 mm 时,其弯曲的曲率半径应大于管外径的 6 倍;当暗管外径不大于 50 mm 时,其弯曲的曲率半径应大于管外径的 10 倍;暗管的弯曲角度应大于 90°。

4.6.21 通信线缆桥架的底部距地坪不宜小于 2 200 mm,桥架顶部距楼板不宜小于 300 mm,桥架与梁及其他管道间距不宜小于 100 mm。

5 通信布线系统

5.1 一般规定

5.1.1 公共建筑内各类通信配套设施的布线系统应按共建共享方式设计。

5.1.2 布线系统种类和容量应根据公共建筑的功能需求确定,并应预留备用容量。

5.1.3 通信线缆的布线设计应符合现行国家标准《综合布线系统工程设计规范》GB 50311 和现行行业标准《移动通信基站工程技术规范》YD/T 5230 的相关规定。

5.1.4 建筑物内通信线缆与电力电缆、其他管线的间距应符合现行国家标准《综合布线系统工程设计规范》GB 50311 的相关规定。

5.1.5 宏站及室内分布系统的馈线应沿通信桥架或竖井布放,路由设计应避免重复;没有通信桥架时,应对馈线进行良好的固定。

5.1.6 通信线缆引入时,应将线缆的金属外护层、光缆的加强钢芯以及自承钢索、金属管道在入口处就近与接地装置连接。

5.1.7 当电缆从建筑物外进入建筑物时,应选用适配的信号线路浪涌保护器。

5.1.8 室外布放的馈线应在楼顶、外墙及建筑入口处就近接地,室外通信桥架始末两端均应接地,接地连接线应采用截面积不小于 10 mm² 的多股铜线。

5.1.9 光电混合缆设计应符合通信电缆敷设要求。

5.2 线缆要求

5.2.1 公共建筑通信系统的线缆应具有阻燃特性,线缆防火要求应符合现行国家标准《综合布线系统工程设计规范》GB 50311 的相关规定。

5.2.2 公共建筑通信系统的引入光缆宜选用 B6a2(即 G.657A2)弯曲损耗不敏感单模光纤,建筑物室内光缆宜选用 B1.3(即 G.652D)低水峰非色散位移单模光纤。

5.2.3 建筑内配线光缆宜选用半干式或全干式光缆,引入光缆可选用蝶形引入光缆或机械性能更优的光缆。

5.2.4 地下管道光缆宜选用油膏填充松套层绞式或中心管式结构,光缆的外护层应选用铝-聚乙烯粘结护套,光缆接头盒应采用密封防水结构,并应具有防腐蚀及抗压力、张力和冲击力的功能。

5.2.5 电缆布线系统宜采用超五类及以上对绞电缆。

5.2.6 有线电视系统室内布线应采用 I 类四屏蔽编织网同轴电缆与八芯双绞线或与蝶形光缆组合而成的复合缆。

5.3 楼层设备箱与配线箱

5.3.1 楼层设备箱的空间应能放置通信设备的分路器、集线器、小型交换机/路由器、分离器、有线电视分支分配器等设备或器材,并应配置专用电源接口。

5.3.2 楼层设备箱、配线箱宜设置在建筑物内不易被碰撞和不妨碍通行的部位,箱体底边距本层地坪 1 300 mm。

5.3.3 楼层设备箱宜由楼层配电箱供电。

5.3.4 楼层设备箱、配线箱应具备通风散热、防潮、防尘功能及锁闭装置。

5.3.5 箱体的安装应符合现行国家标准《综合布线系统工程设计规范》GB 50311 的相关规定。

6 有线通信系统

6.1 一般规定

6.1.1 公共建筑内通过有线通信网络接入的数据、图像（含IPTV)和视频类语音等业务应采用FTTO技术。

6.1.2 有线宽带接入系统宜采用点对多点光纤接入技术,专线系统宜采用点对点光纤接入技术。

6.2 系统设计

6.2.1 公共建筑内的光缆和电缆宜采用交接配线方式。

6.2.2 公共建筑内光缆和电缆网络拓扑宜采用树形结构。

6.2.3 公共建筑内基于PON的FTTO接入宜采用一级分光方式,光缆系统设计应满足下列要求:

1 光缆交接/配纤设备宜设置在中心机房内,建筑内每个楼层均应设置光缆分纤箱。

2 建筑内各楼层光缆的配纤容量应满足点对点光纤专线业务和点对多点光纤宽带业务的远期应用需求,结合各楼层的建筑规模、分割布局、用户密度等情况配置。

3 配线光缆的分支接续方式可采用集中分支方式或逐层掏缆方式。

4 各楼层光缆分纤箱至每个光纤信息点间的引入光缆宜按2芯配置。

5 每个光纤信息插座应配置2个用于引入光缆成端的SC

型光纤活动连接器。

6.2.4 管道光缆在每个人(手)孔中弯曲的预留长度宜为 1.0 m，光缆接头处每侧的预留长度宜为 5 m～8 m。

6.2.5 各段光缆在敷设后应作端接，光缆为端接所预留的长度宜符合表 6.2.5 的规定。

表 6.2.5　光缆端接预留长度

端接点位置	长度(m)
中心机房	3～5
电信间内	1
配线箱内	1
光纤信息插座	0.3

6.2.6 公共建筑内配线光缆光纤的衰减系数和光纤活动连接器的插入损耗应符合国家和行业标准的规定。

6.2.7 光纤信息插座处引入光缆的端接宜采用现场组装式光纤活动连接器或直接采用预制成端型引入光缆。

6.2.8 配线光缆之间的接续以及配线光缆与尾纤间的成端接续应采用熔接方式，每个接续点的熔接损耗值应符合表 6.2.8 的规定。

表 6.2.8　单模光纤熔接损耗(dB)

单纤		光纤带	
双向平均值	单向最大值	双向平均值	单向最大值
≤0.08	≤0.10	≤0.2	≤0.25

6.2.9 电缆布线的设计应符合现行国家标准《综合布线系统工程设计规范》GB 50311 的规定。

6.2.10 光缆与电缆不应同管孔混敷。

6.2.11 光缆、电缆两端应设置光(电)缆标志牌。

7 移动通信系统

7.1 一般规定

7.1.1 新建公共建筑移动通信覆盖范围应包括建筑室内、建筑物和建筑群红线内的室外区域、地下公共建筑空间、电梯、无电梯建筑楼的楼梯。

7.1.2 新建公共建筑的移动通信覆盖应满足覆盖区内移动终端在 90% 的位置、99% 的时间可接入网络。

7.1.3 公共建筑移动通信业务应优先选用宏基站覆盖,并根据实际情况以室内覆盖系统、室外微基站等方式做补充完善。

7.1.4 符合城市规划中宏基站站址规划要求的新建公共建筑应预留宏基站建设机房、天线场地、缆线布放路由、供电等资源条件;宏基站站址位于公共建筑红线内地面区域的,还应预留必要的立杆站建设场地和预埋管道资源,立杆站建设应与环境协调。

7.1.5 公共建筑移动通信系统及配套设施设计应符合现行行业标准《移动通信基站工程技术规范》YD/T 5230、现行上海市工程建设规范《移动通信基站塔(杆)、机房及配套设施建设标准》DG/TJ 08—2301 的规定,室外共塔桅站点设计应符合现行行业标准《移动通信多天线共塔桅工程设计规范》YD/T 5243 的规定,并应符合各通信系统国家和行业技术标准规范的有关规定。

7.2 宏基站

7.2.1 符合宏基站天线挂高要求的新建公共建筑屋面应预留天

线塔桅架设、缆线布放路由、机房和供电等资源条件,各系统天线挂高见表 7.2.1。

表 7.2.1　宏基站系统天线挂高要求(m)

系统 区域类型	公用移动通信 /NB-IoT/eMTC/B-TrunC/LoRa/NGB-W	TETRA
密集市区	20～35	40～60
市区	25～40	50～70
郊区	25～45	60～70
农村	35～50	60～70

7.2.2　建筑屋面天线及其桅杆架设应符合下列要求:

　　1　每栋建筑应在屋面预留 21 处～30 处安装点位,各点位应按照水平面全方向均匀间隔布局,且相邻点位的水平间隔不应小于 1.5 m。

　　2　屋面外墙至天线安装位置处径深预留不应小于 1 m。

　　3　天线安装最高点应至少高出女儿墙 2 m,并应做建筑限高预留。

　　4　天线位置处外墙法向水平正负 45°、半径 50 m 空间范围内应无阻挡。

7.2.3　建筑屋面架设楼顶塔的站点,楼顶塔应满足站点各系统天线等设备的安装需求。

7.2.4　新建公共建筑移动通信宏基站应选用基带与射频单元分离的分布式形态设备。

7.3　室内覆盖系统

7.3.1　公共建筑室内覆盖系统设计应符合现行国家标准《综合布线系统工程设计规范》GB 50311、《智能建筑设计标准》GB 50314、现行行业标准《无线通信室内覆盖系统工程设计规范》YD/T

5120、《移动通信直放站工程技术规范》YD 5115 和现行上海市工程建设规范《公用移动通信室内信号覆盖系统设计与验收标准》DG/TJ 08—1105 的规定,并应满足公共建筑对各电信业务经营者网络的信号覆盖要求。

7.3.2 应通过测试评估公共建筑区域的移动通信信号覆盖水平,结合建筑特征和周边基站部署情况综合确定室内覆盖系统建设的必要性。

7.3.3 应根据公共建筑的类型及功能区、结合容量规划选择移动通信室内覆盖建设方式,包括分布式有源、分布式无源天馈、分布式有源＋无源、泄漏电缆等,建设方式选择宜符合表 7.3.3 的规定。

表 7.3.3　室内覆盖建设方式

移动通信业务量密度	建筑特征	室内覆盖方式
高密度区域	各种构型	分布式有源方式
中、低密度区域	封闭性强、隔断多	分布式有源或分布式有源＋无源方式
	开放、隔断少	分布式有源＋无源或分布式无源天馈方式
	隧道、封闭走廊、狭长区域	泄漏电缆或分布式有源＋无源或定向天线对打方式

7.3.4 分布式无源天馈室内覆盖系统设计应同时考虑同区域内分布式天线方式部署的无线局域网。

7.3.5 公共建筑室内覆盖系统的信源基带设备、传输设备及其电源配套设备宜安装在中心机房内,信源拉远设备及其配套设备宜安装在楼层的电信间内。

7.3.6 公共建筑室内覆盖系统天线在楼层布放应采用美化方式,并可与楼层灯饰、吊顶等设施相结合。

7.3.7 建筑电梯井内可安装定向天线或敷设泄漏电缆进行覆盖,电梯维护通道应保证深度不小于 400 mm 以提供相关通信设施的安装空间。

7.4 室外微基站

7.4.1 公共建筑楼宇应按下列要求预留微基站安装维护配套设施：

1 公共建筑应预留楼顶通信设备和天线的安装空间。楼顶应在每个方向沿外墙预留设备和天线安装位置 3 处，相邻点位的水平间隔不应小于 1.5 m，楼顶外墙至天线安装位置处径深预留不应小于 1 m；天线安装最高点应至少高出女儿墙 2 m，并应做建筑限高预留；天线位置处外墙法向水平正负 45°、半径 50 m 空间范围内应无阻挡，间距不足 50 m 的邻排楼宇之间应为无阻挡空间。

2 高层和中高层公共建筑应在楼体外墙构造微基站设备的安装维护配套设施，宜设置在楼层公共区域窗体的下方或旁侧外墙位置或其他方便施工维护的位置，并应提供安装维护用支撑体；设置点宜避开人员活动区域并与建筑协调，可结合建筑外立面的装饰性构造设置；结合具体楼宇构型，单体建筑外墙微基站水平间距宜按 50 m 左右设置，微基站布局宜提供建筑/建筑群立面全覆盖，楼宇建筑设计应依此在相关单元外墙预留微基站安装维护配套设施。

3 微基站安装维护配套设施应在楼宇外墙距地 15 m、50 m、85 m、120 m（对应参考楼层 5、15、25、35 层）等高度位置设置，每处以该位置为中心设置上、中、下三层平台，相邻层垂直间隔应在 2 m～4 m 之间，并应设置在施工方便的位置；每层平台室外安装设备空间不应小于 500 mm（宽）×500 mm（深）×1 000 mm（高）、载荷不应低于 2 kN/m²，天线设备向外至对面建筑应无阻挡，非面向建筑的环境下天线安装位置外墙法向水平正负 45°、半径 50 m 空间范围内应无阻挡。

4 应在平台上、设备安装空间外加装美化罩，罩身应采用非金属材料,并在 700 MHz～6 000 MHz 频段内应满足信号穿透损耗小于 3 dB。

    5 预留设施所在楼顶及中间楼层应在弱电竖井内预留一路 220 V 插座,插座容量考虑 5G 覆盖楼顶处不应小于 3.5 kW、中间楼层处不应小于 2 kW,不考虑 5G 覆盖楼顶处不应小于 1.5 kW、中间楼层处不应小于 0.5 kW,并在弱电竖井与室外微基站安装位置预留传输信号和供电线缆管路资源。

7.4.2 新建公共建筑所属广场、园区等空旷区域应预留立杆站设置资源,立杆站设置和预留资源应符合下列要求:

    1 优选与灯杆、监控杆等基础设施合设,每 4 500 m² 占地面积应预留 3 个通信综合杆,并应根据杆高和承重要求核算土建基础建设需求。

    2 同一电信业务经营者的杆站设备有多制式需求的应选择多模合一的形态。

    3 杆高 10 m 及以上的应满足杆顶或杆体最大 20 kg 设备安装条件,设备安装空间不应小于 $\phi500 \times 800$ mm;杆高 10 m 以下的应满足杆顶或杆体最大 10 kg 设备安装条件,设备安装空间不应小于 $\phi500 \times 400$ mm,设备挂高不应低于 3.5 m。可加装美化罩,美化罩应符合第 7.4.1 条第 4 款的要求。

    4 杆内部应能布放线缆,出口处应配置线缆固定装置。

    5 通信综合杆应为杆顶站设备预留一路 10 A、220 V 单相断路器,容量不应小于 400 W。

    6 通信综合杆与中心机房间应有地下管道沟通。

7.4.3 幕墙类建筑可在适宜的高度在幕墙后预留天线等设备的安装位置,设置点应避开人员活动区域;幕墙穿透损耗宜小于 3 dB。

7.4.4 室外微基站应优先选用信源与天线一体化设备。

7.4.5 室外微基站的信源基带设备、传输设备以及电源配套设备可安装在公共建筑中心机房内,射频远端设备应靠近天线安装。

7.4.6 群体建筑微基站优先选取设置于楼顶和楼体外墙、覆盖对面建筑,园区类建筑群微基站覆盖优选在园区内或周边区域设置立杆站,并可采用在建筑附属的公园等公共区域安装美化站或美化天线等方式覆盖。

7.4.7 微基站预留资源可用于安装无线局域网室外热点设备。

8 有线电视设施

8.1 一般规定

8.1.1 公共建筑应设置有线电视系统,且应与本市有线电视城域网联接,并应符合入网技术要求。

8.1.2 有线电视网络应根据建筑类型、环境条件以及用户需求进行网络设施和管线的设计。

8.1.3 公共建筑有线电视网络系统宜采用光缆接入。

8.2 系统设计

8.2.1 公共建筑有线电视设施设计应符合现行行业标准《有线电视网络光纤到户系统技术规范 第1部分:总体技术要求》GYT 306.1的规定,应具备三网融合的技术条件。

8.2.2 根据不同的室内区域类型、面积,公共建筑有线电视网络的室内布线系统可采用同轴电缆、光缆或复合缆。

8.2.3 有线电视网络系统的设计应包括干线子系统、分配子系统、接入终端等内容。

8.2.4 有线电视系统应支持广电光网的各种应用,并符合现行行业标准《有线数字电视应急广播技术规范》GD/J 086的规定。

8.2.5 有线电视网的数据通信应支持接入有线电视高速数据城域网。

8.2.6 有线电视网的数据通信应提供千兆宽带传输能力,应方便接入互联网和其他网络。

9 无线局域网

9.0.1 公共建筑业主、电信业务经营者及第三方等运营的无线局域网宜统筹共网建设,可通过设置多 SSID 接入不同用户群。

9.0.2 公共建筑无线局域网设计应满足现行国家标准《无线局域网工程设计标准》GB/T 51419 的相关规定。

9.0.3 采用分布式天线组网时,应与移动通信室内覆盖系统统筹共建,合理选择天线及合路点位置和数量。

9.0.4 采用放装式 AP 组网时,应根据不同场景选择适宜的设备发射功率、天线类型、AP 挂高和间距。

10 数字无线专用对讲系统

10.0.1 数字无线专用对讲系统可与消防控制中心合用中心机房,或设置专用中心机房;中心机房至安装对讲系统设备的楼层电信间应预留连通通道。

10.0.2 建筑物应在室外屋面预留室外专用对讲天线和卫星定位系统天线安装位置,对讲天线预留位置应满足建筑红线内室外空间覆盖需求,卫星定位系统天线预留位置应符合本标准第 4.1.10 条的要求;专用对讲天线和卫星定位系统天线预留位置不少于各 2 处。每处天线至邻近的电信间应预留直径不小于 40 mm 的馈线敷设通道。

10.0.3 数字无线专用对讲系统宜与其他系统合用电信间和室内线槽及桥架,并优先考虑共用通信系统设施。

11 卫星通信系统

11.0.1 有卫星通信功能需求的公共建筑应预留卫星地球站室内设备及配套设施部署的机房和室外设备及天线安装的场地。

11.0.2 新建 VSAT 系统应采用 Ku 和 Ka 频段系统。

11.0.3 卫星通信地球站、VSAT 主站和网管系统应设置于电信业务经营者专用通信建筑,卫星通信地球站设计应符合现行行业标准《国内卫星通信地球站工程设计规范》YD/T 5050 的规定,VSAT 主站、远端站选址及相关部署要求应符合现行行业标准《国内卫星通信小型地球站(VSAT)通信系统工程设计规范》YD/T 5028 的规定。

11.0.4 VSAT 远端站宜建在用户所在地或附近,不宜选在城市广场、闹市地区、汽车停车场或火车站以及发出较大震动和较强噪声的工业企业附近。

11.0.5 VSAT 远端站天线前方应开阔,当远端站工作在 Ku 频段时,天线在静止卫星轨道可用弧段内的工作仰角与天际线仰角的夹角不宜小于 $10°$,对应国内卫星轨道的可用弧段为 $72.9°E\sim140.75°E$。

11.0.6 Ku 频段 VSAT 远端站设置中,小口径天线在以卫星天线口面为截面的管状波束内距天线口面 35 m 范围内不应有诸如树木、堆积物、塔杆、建筑物、金属物等各种障碍物,对波束边沿以外宜有大于 $10°$ 的保护角。

11.0.7 VSAT 小口径固定远端站天线场地应预留不小于 2 m × 2 m 的天线及室外单元安装空间,应能够提供坚固的天线安装基础。

11.0.8 设置 VSAT 远端站的公共建筑应在屋顶靠近天线的位置预留机房,用于安装远端站室内单元、工作台及相关电源、传输配套设施,机房空间不宜小于 4 m²。

11.0.9 天线宜安装在低处,应利用建筑物阻挡来自不同系统的干扰。

11.0.10 安装 VSAT 远端站天线的屋顶应预留室外设备与室内设备间布放同轴电缆及安装走线架的路由。

11.0.11 VSAT 远端站宜采用稳定、可靠、安全的供电系统。

11.0.12 VSAT 系统远端站的防雷和接地应符合现行国家标准《通信局(站)防雷与接地工程设计规范》GB 50689 的规定。

11.0.13 VSAT 固定远端站天线支架及室内外设备的工作接地、保护接地、防雷接地应与围绕天线基础的闭合接地环有良好的电气连接,天线口面上沿也应设避雷针,避雷针直接引至天线基础旁的接地体。接地系统的工频接地电阻不应大于 10 Ω。

11.0.14 VSAT 站的电磁辐射防护标准应符合现行国家标准《电磁环境控制限值》GB 8702 的规定。

11.0.15 通信设备的抗震设计应符合现行国家标准《通信设备安装工程抗震设计标准》GB/T 51369 的规定。

本标准用词说明

1 为便于在执行本标准条文时区别对待,对于要求严格程度不同的用词说明如下:

1) 表示很严格,非这样做不可的用词:

正面词采用"必须";

反面词采用"严禁"。

2) 表示严格,在正常情况下均应这样做的用词:

正面词采用"应";

反面词采用"不应"或"不得"。

3) 表示允许稍有选择,在条件许可时首先应这样做的用词:

正面词采用"宜";

反面词采用"不宜"。

4) 表示有选择,在一定条件下可以这样做的用词,采用"可"。

2 标准中指定应按其他有关标准执行时,写法为"应按……执行"或"应符合……的规定"。

引用标准名录

1 《C 频段卫星电视接收站通用规范》GB/T 11442
2 《国内卫星通信系统进网技术要求》GB/T 12364
3 《电能质量　公用电网谐波》GB/T 14549
4 《Ku 频段卫星电视接收站通用规范》GB/T 16954
5 《楼寓对讲系统　第 1 部分:通用技术要求》GB/T 31070.1
6 《供配电系统设计规范》GB 50052
7 《火灾自动报警系统设计规范》GB 50116
8 《建筑内部装修设计防火规范》GB 50222
9 《综合布线系统工程设计规范》GB 50311
10 《智能建筑设计标准》GB 50314
11 《通信管道与通道工程设计标准》GB 50373
12 《通信局(站)防雷与接地工程设计规范》GB 50689
13 《通信局站共建共享技术规范》GB/T 51125
14 《通信电源设备安装工程设计规范》GB 51194
15 《通信设备安装工程抗震设计标准》GB/T 51369
16 《无线局域网工程设计标准》GB/T 51419
17 《通信局(站)机房环境条件要求与检测方法》YD/T 1821
18 《电信基础设施共建共享技术要求》YD/T 2164
19 《电信基础设施共建共享技术要求　第 2 部分:基站设施》
　　 YD/T 2164.2
20 《租房改建通信机房安全技术要求》YD/T 2198
21 《通信建筑工程设计规范》YD 5003
22 《国内卫星通信小型地球站(VSAT)通信系统工程设计规范》
　　 YD/T 5028

23 《通信工程建设环境保护技术暂行规定》YD 5039

24 《国内卫星通信地球站工程设计规范》YD/T 5050

25 《数字微波接力通信系统工程设计规范》YD/T 5088

26 《通信局(站)节能设计规范》YD 5184

27 《电信基础设施共建共享工程技术暂行规定》YD 5191

28 《通信建设工程安全生产操作规范》YD 5201

29 《移动通信基站工程技术规范》YD/T 5230

30 《有线电视网络光纤到户系统技术规范 第1部分:总体技术要求》GYT 306.1

31 《有线数字电视应急广播技术规范》GD/J 086

32 《防静电工程技术规程》DG/TJ 08—83

33 《民用建筑水灭火系统设计规程》DGJ 08—94

34 《公共建筑电磁兼容设计规范》DG/TJ 08—1104

35 《公用移动通信室内信号覆盖系统设计与验收标准》DG/TJ 08—1105

36 《有线网络建设技术规范》DG/TJ 08—2009

37 《民用建筑电气防火设计规程》DGJ 08—2048

38 《移动通信基站塔(杆)、机房及配套设施建设标准》DG/TJ 08—2301

上海市工程建设规范

公共建筑通信配套设施设计标准

DG/TJ 08—2047—2020
J 11322—2020

条 文 说 明

2020 上海

目　次

Contents

1 总 则

1.0.2 公共建筑智能化系统设计不在本标准范围内,通用工业建筑在技术条件相同时可按照本标准执行。

2 术 语

2.0.22　VSAT 系统由主站、通信卫星转发器和远端站组成,系统结构如图 1 所示。

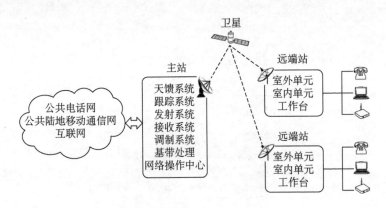

图 1　VSAT 系统结构示意

3 基本规定

3.0.3 配套基础设施建设的分工界面如图 2 和表 1 所示。

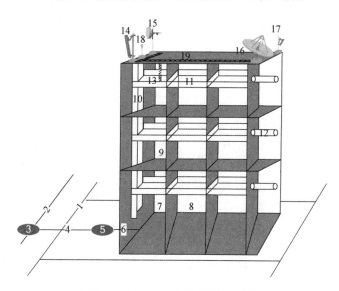

图 2　配套基础设施建设的分工界面

表 1　配套基础设施建设的分工界面

序号	标号含义	负责单位
1	地块红线	—
2	红线外通信管道	电信业务经营者
3	红线外人(手)孔	电信业务经营者
4	红线内通信管道	建设单位
5	红线内人(手)孔	建设单位
6	建筑物引入管	建设单位
7	进线间	建设单位

续表1

序号	标号含义	负责单位
8	中心机房	建设单位
9	电信间与弱电竖井	建设单位
10	垂直布线通道	建设单位
11	楼层水平布线通道	建设单位
12	水平引入暗管	建设单位
13	宏站、微波与 VSAT 远端站机房	建设单位
14	宏基站天面设备及安装配套设施	电信业务经营者
15	微波天面设备及安装配套设施	建设单位或电信业务经营者
16	VSAT 远端站天面设备及安装配套设施	建设单位或电信业务经营者
17	数字无线专用对讲系统室外天线	建设单位或电信业务经营者
18	卫星定位系统天线	建设单位或电信业务经营者
19	楼顶室外走线架(槽)	建设单位及电信业务经营者

注:微波、VSAT 远端站、数字无线专用对讲系统与卫星定位系统天面设备及土建设施建设的负责单位根据该设备的建设方决定。

3 光电缆配线系统建设的分工界面如图 3 和表 2 所示。

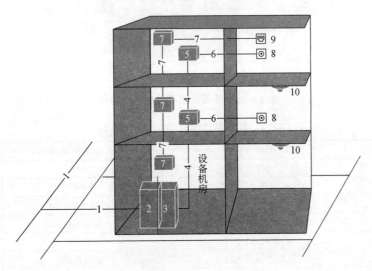

图3 配套基础设施建设的分工界面

表 2　配套基础设施建设的分工界面

序号	标号含义	负责单位
1	接入通信光缆	电信业务经营者
2	交接/配纤(线)设备外侧的光缆交接设备	电信业务经营者
3	交接/配纤(线)设备内侧的光缆配纤设备	建设单位
4	楼内配线光缆	建设单位
5	楼层光缆分纤箱	建设单位
6	引入光缆	建设单位
7	布线电缆和配线设备	建设单位
8	光纤信息插座	建设单位
9	电缆信息插座	建设单位
10	无线室内覆盖系统	建设单位或电信业务经营者

4　通信设备及配套建设的分工界面如图 4 和表 3 所示。

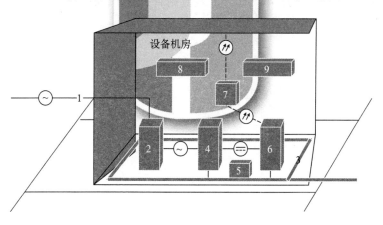

图 4　配套基础设施建设的分工界面

表 3　配套基础设施建设的分工界面

序号	标号含义	负责单位
1	交流电源引入	建设单位
2	交流配电设备	建设单位
3	公共接地线引入	建设单位
4	直流配电设备	电信业务经营者
5	蓄电池	电信业务经营者
6	公共通信网接入设备	电信业务经营者
7	PON 系统光分路器	电信业务经营者
8	机房空调	建设单位
9	消防设施	建设单位

3.0.4　目前本市微波主要用于基站传输接入。

3.0.6　无线广播系统射频技术要求见"中华人民共和国工业和信息化部公告 2019 年第 52 号"及其附件《微功率短距离无线电发射设备目录和技术要求》。

4 配套基础设施

4.1 中心机房

4.1.1 根据公共建筑有线通信接入需求、无线通信覆盖面积及容量需求确定的中心机房最小使用面积见表 4。

表 4 中心机房最小使用面积需求 (m²)

建筑类型	功能区	中心机房最小使用面积需求		
		建筑功能区面积≤1 万 m²	1 万 m²＜建筑功能区面积≤10 万 m²	10 万 m²＜建筑功能区面积≤20 万 m²
办公建筑	通用、行政办公建筑	60	90	120
旅馆建筑	四星级、五星级及以上	40	55	80
	三星级及其他服务等级	30	50	70
文化建筑	图书馆、档案馆、文化馆、博物馆	30	45	60
观演建筑	剧场、电影院、广播电视业务建筑	30	45	60
会展建筑	会展建筑	40	60	80
教育建筑	学校教学楼	30	40	55
	学校宿舍		35	50
金融建筑	金融建筑	60	90	130
交通建筑	汽车客运站	30	50	70
医疗建筑	门、急诊楼	40	70	100
	住院楼、疗养院			45

建筑类型	功能区	中心机房最小使用面积需求		
		建筑功能区面积≤1万 m²	1万 m²<建筑功能区面积≤10万 m²	10万 m²<建筑功能区面积≤20万 m²
体育建筑	带看台体育场	40	65	95
商店建筑	商店建筑	30	45	55

注:1. 建筑类型及功能区划分参照现行国家标准《智能建筑设计标准》GB 50314,包含地下车库和设备层。

　　2. 超高层建筑或建筑物建筑面积大于20万 m² 时,宜设置2个或2个以上中心机房。

　　3. 医疗建筑门、急诊楼和住院楼、疗养院两类功能区建筑面积比例大于1:2的应相应增加机房面积。

　　4. 民用机场、铁路客运站、城市轨道交通站及隧道空间等建筑面积大于20万 m²的公共建筑应根据实际情况制定方案,并不低于上述相关要求。

4.1.9

5 各类建筑功能区按建筑面积等级确定的中心机房进线总容量见表5。

表5　中心机房用电量配置(kW)

建筑类型	功能区	中心机房用电量		
		建筑功能区面积≤1万 m²	1万 m²<建筑功能区面积≤10万 m²	10万 m²<建筑功能区面积≤20万 m²
办公建筑	通用、行政办公建筑	60	80	120
旅馆建筑	四星级、五星级及以上	35	70	120
	三星级及其他服务等级	25	55	95
文化建筑	图书馆、档案馆、文化馆、博物馆	25	40	75
观演建筑	剧场、电影院、广播电视业务建筑	25	40	75
会展建筑	会展建筑	25	50	90

续表5

建筑类型	功能区	中心机房用电量		
		建筑功能区面积≤1 万 m²	1 万 m²＜建筑功能区面积≤10 万 m²	10 万 m²＜建筑功能区面积≤20 万 m²
教育建筑	学校教学楼	25	40	80
	学校宿舍		50	90
金融建筑	金融建筑	60	80	120
交通建筑	汽车客运站	25	70	130
医疗建筑	门、急诊楼	30	90	210
	住院楼、疗养院			110
体育建筑	带看台体育场	25	90	160
商店建筑	商店建筑	25	40	75

注：1. 医疗建筑门、急诊楼和住院楼、疗养院两类功能区建筑面积比例大于1：2的应相应增加用电量配置。

2. 民用机场、铁路客运站、城市轨道交通站及隧道空间等建筑面积大于20 万 m²的公共建筑应根据实际情况制定方案，并不低于上述相关要求。

4.1.10 通信系统主流卫星定位系统天线同时支持北斗和 GPS 系统，主流天线尺寸不超过 ∅120 mm×高 125 mm，天线及安装套件重量不超过 2 kg。两种典型形态的卫星定位系统天线及其安装示意见图 5。

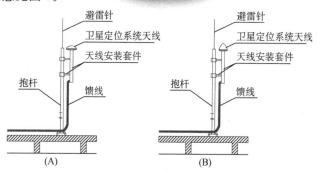

图 5　两种典型形态的卫星定位系统天线及其安装示意

4.2 宏站、微波与 VSAT 远端站机房

4.2.5 2G～4G、集群系统按每套宏基站设备 1.2 kW，5G 系统按每套宏基站设备 3.5 kW，传输接入设备按每套 0.7 kW 功耗核算，另需计入机房空调、蓄电池等配套设施的功耗需求。

4.4 电信间

4.4.1 楼层电信间数量设置考虑楼层敷设线缆在最大长度时满足现行国家标准《综合布线系统工程设计规范》GB 50311 规定的性能。电信间的使用面积应同时满足现行国家标准《综合布线系统工程设计规范》GB 50311 要求的使用面积和本建筑通信设施使用面积的需求。分类的电信间最小使用面积见表 6。

表 6　电信间最小使用面积需求(m^2)

建筑类型	功能区	电信间最小使用面积		
		楼层建筑面积≤500 m^2	500 m^2＜楼层建筑面积≤1 500 m^2	1 500 m^2＜楼层建筑面积≤2 500 m^2
办公建筑	通用、行政办公建筑	6	8	10
旅馆建筑	五星级、四星级、三星级及其他服务等级	6	8	10
文化建筑	图书馆、档案馆、文化馆、博物馆	6	8	10
观演建筑	剧场、电影院、广播电视业务建筑	6	8	10
会展建筑	会展建筑	5	6	8
教育建筑	学校教学楼、学校宿舍	6	8	10
金融建筑	金融建筑	6	8	10
交通建筑	汽车客运站	6	8	10

续表6

建筑类型	功能区	电信间最小使用面积		
		楼层建筑面积≤500 m²	500 m²＜楼层建筑面积≤1 500 m²	1 500 m²＜楼层建筑面积≤2 500 m²
医疗建筑	门、急诊楼、住院楼、疗养院	6	8	10
体育建筑	带看台体育场	5	6	8
商店建筑	商店建筑	6	8	10
地下车库	地下车库	5	6	8
设备层	设备层	5	6	8

注：电信间中数字无线专用对讲系统按5U设备空间预留。

4.4.7

　　3　根据现行上海市工程建设规范《上海市民用建筑水灭火系统设计规程》DGJ 08—94 的规定，超高层建筑中面积不小于 3 m² 且体积不小于 12 m³ 的配电间设置有自动喷水灭火系统；电信间参照考虑。

4.4.8

　　2　数字无线专用对讲系统备用电源的连续供电时间，应与消防疏散指示标志照明备用电源的连续供电时间一致；并根据现行国家标准《火灾自动报警系统设计规范》GB 50116 规定，消防设备蓄电池组的容量应保证火灾自动报警及联动控制系统在火灾状态同时工作负荷条件下连续工作 3 h 以上。

　　3　按建筑类型及功能区分类确定的电信间用电量配置见表7。

表 7　电信间用电量配置

建筑类型	功能区	电信间功耗(kW)
办公建筑	通用、行政办公建筑	10
旅馆建筑	四星级、五星级及以上	12
	三星级及其他服务等级	10

续表7

建筑类型	功能区	电信间功耗(kW)
文化建筑	图书馆、档案馆、文化馆、博物馆	10
观演建筑	剧场、电影院、广播电视业务建筑	10
会展建筑	会展建筑	6
教育建筑	学校教学楼、学校宿舍	10
金融建筑	金融建筑	10
交通建筑	汽车客运站	10
医疗建筑	门、急诊楼、住院楼、疗养院	12
体育建筑	带看台体育场	6
商店建筑	商店建筑	6
地下车库	地下车库	6
设备层	设备层	6

4.5 地下通信管道

4.5.2 管道路由分解如图 6 所示。

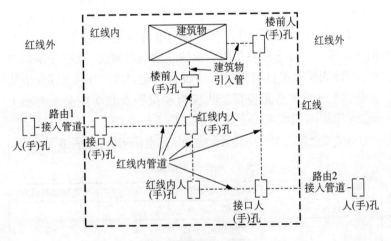

图 6 管道路由分解图

4.5.3 建筑物引入管的引入方式如图7所示。

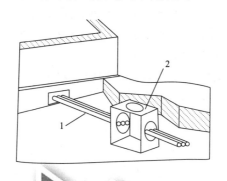

1—无缝钢管;2—人井

图7 建筑物引入管引入方式

4.6 建筑内通信管网

4.6.6 槽式桥架安装方式如图8所示。

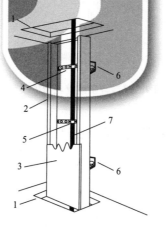

1—电缆竖井;2—槽式桥架;3—槽盖;4—扁钢支架;
5—卡箍;6—L形支架;7—光缆

图8 槽式桥架安装方式

4.6.7

1 本市建筑防火等级分类依据现行上海市工程建设规范《民用建筑电气防火设计规程》DGJ 08—2048。水平布线线槽可采用吊装、沿墙安装、地面安装等方式。

2 有槽盖的封闭式金属线槽用于建筑内无吊顶或沿墙安装。图9为轻型金属线槽组合安装示意。

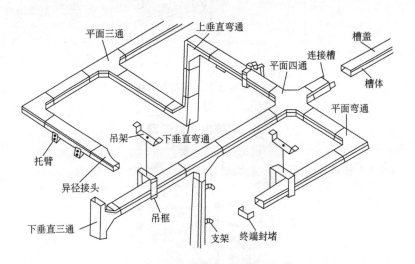

图9 轻型金属线槽组合安装示意

3 水平布线桥架用于安装在可开启或弯角处和直线段不超过10 m内都设有检修孔的楼层吊顶上。图10为桥架吊装示意。

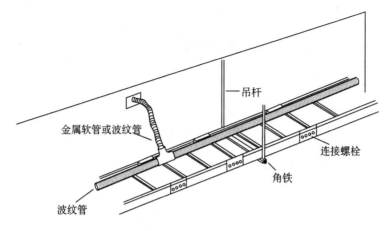

图 10　桥架吊装示意

4.6.8　楼层水平布线线槽或桥架与引入暗管结合的安装方式如图 11 所示。

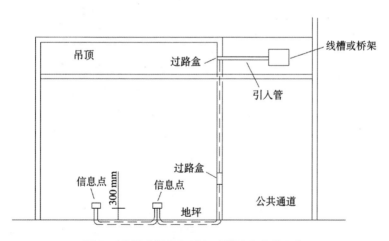

图 11　线槽或桥架与引入暗管结合安装示意

6 有线通信系统

6.2 系统设计

6.2.2 光缆结构如图 12 所示。

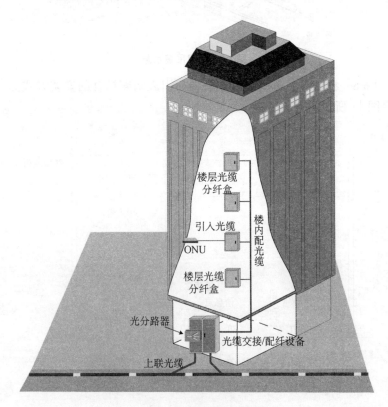

图 12 公共建筑光缆结构图

6.2.3 无论采用一级分光方式还是二级分光方式,都应将一级分光点设置在中心机房的光缆交接/配线设备内。当建筑内单用户规模较小、单楼层租户较多或楼内配光缆资源紧张时也可采用二级分光方式,二级分光点建议设置在电信间的楼层光缆分纤箱/盒内。

3 集中分支方式如图 13 所示,逐层掏缆方式如图 14 所示。

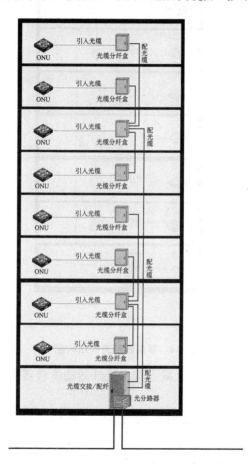

图 13 集中分支方式结构图

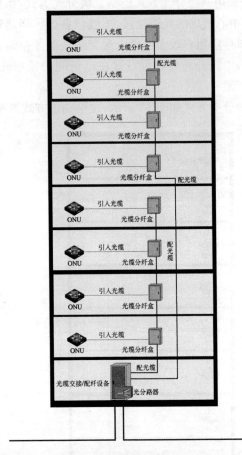

图 14 逐层掏缆方式结构图

6.2.6 光缆中光纤的衰减系数和光纤活动连接器的插入损耗取值参考如下。

1 层绞式或中心管式光缆 B1.3(即 G.652D)类光纤衰减系数：

1310 nm 时,单纤可取 0.36 dB/km,光纤带可取 0.4 dB/km;

1550 nm 时,单纤可取 0.22 dB/km,光纤带可取 0.25 dB/km。

2 引入光缆 B6a2(即 G.657A2)类光纤衰减系数:
1310 nm 时,可取 0.4 dB/km; 1550 nm 时,可取 0.3 dB/km。
3 光纤活动连接器的插入衰耗值可取 0.5 dB/个。

7 移动通信系统

7.1 一般规定

7.1.1 已有公共建筑宜参照执行。

7.1.2 已有公共建筑宜参照执行。

7.2 宏基站

7.2.2 预计各电信业务经营者新建站点以 LTE 和 5G 系统为主，据此核算每宏站站点至少需要 6 套系统建设资源，另预留 1 套作为其他制式公众移动网系统补盲或站点调整，以及 B-TrunC 或 NGB-W 等其他系统建设需求。对站点周边用户及业务量将大幅提高的场景，另考虑多预留 3 套公众移动通信系统。新建宏基站系统列表见表 8。

表 8 新建宏基站系统列表

电信业经营者	序号	基站系统
电信	1	800 MHz CDMA2000
	2	800/1 800/2 100 MHz LTE FDD/NB-IoT/eMTC
	3	3 500 MHz 5G
移动	4	900/1 800 MHz GSM
	5	900/1 800 MHz LTE FDD/NB-IoT/eMTC
	6	1 900/2 100/2 600 MHz TD-LTE
	7	700/2 600/4 900 MHz 5G

续表8

电信业经营者	序号	基站系统
联通	8	900/1 800 MHz GSM
	9	900/2 100 MHz WCDMA
	10	900/1 800/2 100 MHz LTE FDD/NB-IoT/eMTC
	11	3 500 MHz 5G
北讯	12	1 400 MHz B-TrunC
广电	13	700 MHz NGB-W
	14	460/700 MHz LoRa
	15	700/4 900 MHz 5G

1 公共建筑屋面宏基站天线安装点位分布示意见图15。

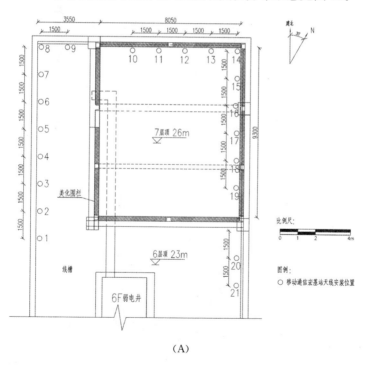

（A）

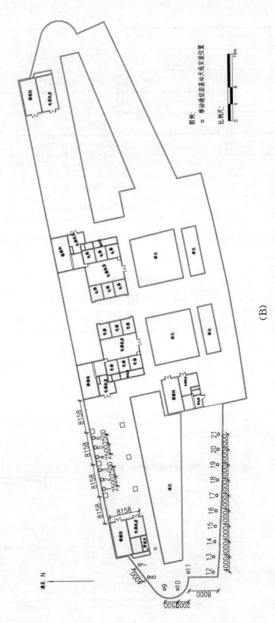

图 15　公共建筑屋面宏基站天线安装点位分布示意（B）

7.3 室内覆盖系统

7.3.1 各电信业务经营者室内覆盖系统制式列表见表 9。

表 9 新建室内覆盖系统列表

电信业务经营者	序号	基站系统
电信	1	800 MHz CDMA2000
	2	800/1 800/2 100 MHz LTE FDD/NB-IoT/eMTC
	3	3 500 MHz 5G
移动	4	900/1 800 MHz GSM
	5	900/1 800 MHz LTE FDD/NB-IoT/eMTC
	6	1 900/2 100/2 300/2 600 MHz TD-LTE
	7	700/2 600/4 900 MHz 5G
联通	8	900/1 800 MHz GSM
	9	900/2 100 MHz WCDMA
	10	900/1 800/2 100 MHz LTE FDD/NB-IoT/eMTC
	11	3 500 MHz 5G
北讯	12	1 400 MHz B-TrunC
广电	13	700 MHz NGB-W
	14	460/700 MHz LoRa
	15	700/3 500/4 900 MHz 5G

7.4 室外微基站

7.4.1

2 楼外墙微基站设置以校园区域为例,如图 16 所示。

3 考虑多电信业务经营者多制式需求,同一微基站站点在垂直相邻三层中分别设置,干扰隔离要求高的系统应分别部署于不同层。外墙微基站预留平台典型样式及室外设备典型安装方式如图 17 所示。

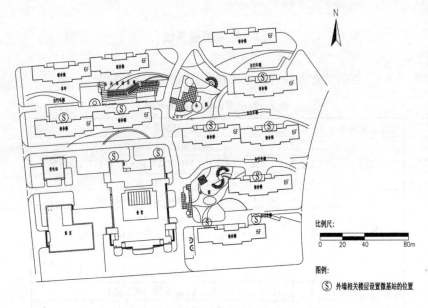

图 16 某校园楼外墙微基站设置布局示例

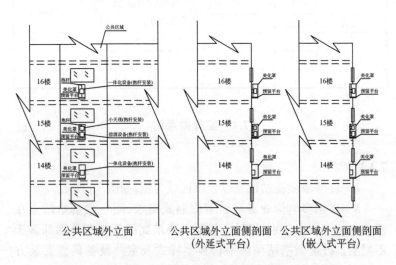

图 17 楼外墙微基站预留平台及设备安装典型样式示意

5 LTE、5G 单通道 10 W 以下微基站设备单位功耗分别按 150 W、380 W 考虑,楼顶按最多 LTE 和 5G 各 6 个微基站、10% 冗余核算,功耗需求 3 500 W;按最多 9 个 LTE 微基站、10% 冗余核算,功耗需求 1 500 W。中间楼层按上下相邻 3 个平台、各安装 1 个 LTE 和 5G 微基站、10% 冗余核算,功耗需求 2 000 W;按仅安装 LTE 微基站、10% 冗余核算,功耗需求 500 W。

7.4.2

1 通信综合杆设置密度按 50 m 杆站覆盖半径、每杆搭载 1 套~2 套系统核算。

9 无线局域网

9.0.4 在连续覆盖模式下放装式单通道 AP 挂高和间距宜符合表 10 的规定。

表 10　放装式组网下 AP 挂高与间距要求

区域类型	参考 AP 功率(mW)/覆盖方向	AP 挂高(m)	AP 间距(m)
室内封闭场景	100/全向	2.3~3.3	7~10
室内半封闭场景	100/全向	2.3~3.3	10~15
室内开放场景	100/全向/定向	2.3~3.3	15~20
室外开放场景	200/定向	3~6	20~50

注:AP 挂高在室内场景指 AP 距楼板的高度,在室外场景指 AP 距地面的高度。

10 数字无线专用对讲系统

数字无线专用对讲系统主要用于建筑公共安全维护、物业日常安保、商户工作人员通信等,常作为大规模、超高层建筑的重要消防应急联动技术手段,其系统设计应符合本市有关工程技术标准的规定。

10.0.2 通常,消防机构和公共建筑业主分别独立建设和使用一套数字无线专用对讲系统,需分别设置室外专用对讲天线和卫星定位系统天线。

11 卫星通信系统

11.0.1 专用通信建筑以外的公共建筑搭载的卫星通信站以 VSAT 远端站为主。

11.0.2 根据《工业和信息化部关于印发〈3 000～5 000 MHz 频段第五代移动通信基站与卫星地球站等无线电台（站）干扰协调管理办法〉的通知》（工信部无〔2018〕266 号），自 2019 年 1 月 1 日起，不再受理和审批 3 400～4 200 MHz 和 4 800～5 000 MHz 频段内的地面固定业务台（站）以及 3 400～3 700 MHz 频段内的空间无线电台和卫星地球站（3 600～3 700 MHz 频段内已批准立项、研制的空间无线电台及对应的卫星测控站，或在已有测控场所内设置且不增加干扰保护要求的卫星测控站除外）。

11.0.3 专用通信建筑以外的公共建筑搭载的卫星通信站以 VSAT 远端站为主。

11.0.5 地球站的天线朝向在用卫星或将来可能用的卫星位置与天际线间有足够的净空，而在其他方向与天际线应有一定的仰角，以便有效地阻挡地面各种无线电干扰源的直射波，从而降低干扰电平，但天际线仰角也不是越大越好，特别是在卫星工作方位上，因为地面的热噪声及人为噪声都会被天线所接收，从而增加了系统的噪声电平，因此只要不受地面无线电系统的干扰，尽量降低天际线仰角。为了保证地球站具有良好的性能及留出卫星在轨道位置上的漂移和运动造成方位、仰角变化的余量，一般要求在 Ku 频段应保持 10°的净空。

11.0.6 建于公共建筑的 VSAT 远端站以 Ku 频段系统为主，小口径天线按主流 Ku 频段远端站天线直径 1.2 m 考虑；天线口面净空距离依据现行行业标准《国内卫星通信小型地球站（VSAT）

通信系统工程设计规范》YD/T 5028 中计算方法、取工作频率 14 GHz 核算。

11.0.12 当 VSAT 端站机房利旧时,其防雷接地可根据建筑物的防雷措施加以改造和完善:

1 可以利用建筑物顶上的避雷带作为端站天馈线及天线座的保护接地引接点。

2 在靠近端站机房一侧增设一组接地装置,并与建筑防雷地线在地下连通;若在地下连通确有困难,应妥善与邻近雷电流引下线的根部连通,同时应尽量利用地下各点金属设施作为接地装置的组成部分。

3 在增设接地装置的接地体中间部位引接一条接地线,作为端站机房的工作地和保护地。当楼高在 7 层以下时,这条接地引线宜采用截面积不小于 50 mm² 的多股铜线或相同电阻值的镀锌扁钢;当楼高在 7 层以上时,这条接地引线宜采用截面积不小于 95 mm² 的多股铜线或相同电阻值的镀锌扁钢。

4 增设地线的接地电阻值,一般应控制在 10 Ω 以内。

5 天线上端应设避雷针,并就近与避雷带连通;天线座也应就近与避雷带连通。